SHUNXIWANBIANDETIANQIHEYUZHOU

瞬息万变的天气和宇宙

U0211847

张 静 主编

哈尔滨工业大学出版社
HARBIN INSTITUTE OF TECHNOLOGY PRESS

图书在版编目（ＣＩＰ）数据

瞬息万变的天气和宇宙 / 张静主编 . — 哈尔滨 : 哈尔滨工业大学出版社 , 2016.10

（好奇宝宝科学实验站）

ISBN 978-7-5603-6007-2

Ⅰ.①瞬… Ⅱ.①张… Ⅲ.①天气—科学实验—儿童读物②宇宙—科学实验—儿童读物 Ⅳ.① P44-33 ② P159-33

中国版本图书馆 CIP 数据核字 (2016) 第 102722 号

策划编辑　　闻　竹
责任编辑　　范业婷
出版发行　　哈尔滨工业大学出版社
社　　　址　　哈尔滨市南岗区复华四道街 10 号　　邮编 150006
传　　　真　　0451-86414749
网　　　址　　http://hitpress.hit.edu.cn
印　　　刷　　哈尔滨经典印业有限公司
开　　　本　　787mm×1092mm　1/16　印张 10　字数 149 千字
版　　　次　　2016 年 10 月第 1 版　2016 年 10 月第 1 次印刷
书　　　号　　ISBN　978-7-5603-6007-2
定　　　价　　26.80 元

《好奇宝宝科学实验站》
编委会

总 主 编：沈 昉
本册主编：张 静
参　 编：于巧琳　唐　宏　王秀秀　王佳语
　　　　　靳婷婷　丁心一　王　娟　罗滨菡
　　　　　宋　涛　孙丽娜　李　瑞　胡天楚
　　　　　孟昭荣　佟相达　白雅君　李玉军

前 言

科学家培根曾经说过："好奇心是孩子智慧的嫩芽"，孩子对世界的认识是从好奇开始的，强烈的好奇心会增强孩子的求知欲，对创造性思维与想象力的形成具有十分重要的意义。本系列图书采用科学实验的互动形式，每本书中都有可以自己动手操作的内容，里面蕴含着更深层次的科学知识，让小读者自己去揭开藏在表象下的科学秘密。

本书内容的形式主要分为【准备工作】【跟我一起做】【观察结果】【怪博士爷爷有话说】等模块，通过题材丰富的手绘图片，向读者展示科学实验的整个过程，在实验中领悟科学知识。

这里需要明确一件事，动手实验不仅仅局限于简单的操作，更多的是从科学的角度出发，有意识地激发孩子对各方面综合知识的认知和了解。回想我们的少年时光，虽然没有先进的电子玩具，没有那么多家长围着转，但是生活依然充满趣味。我们会自己做风筝来放，我们会用放大镜聚光来燃烧纸片，我们会玩沙子，我们会在梯子上绑紧绳子荡秋千，我们会自制弹弓……拥有本系列图书，家长不仅可以陪同孩子一起享受游戏的乐趣，更能使自己成为孩子成长过程中最亲密的伙伴。

本书主要介绍了 60 个关于天气和宇宙的小实验，适合于中小学生课外阅读，也可以作为亲子读物和课外培训的辅导教材。

由于编者水平及资料有限，书中不足之处在所难免，恳请广大读者批评指正。

编 者

2016 年 4 月

目 录

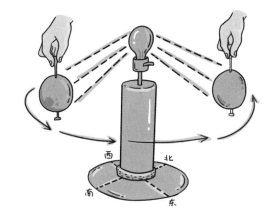

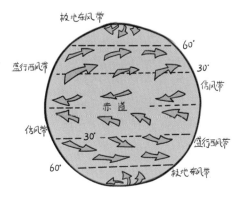

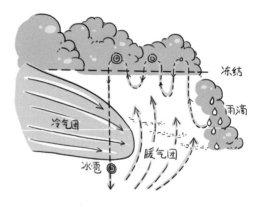

1. 空气有多重

小朋友们是不是感觉不到周围空气的重量？现在跟着怪博士爷爷看看空气到底有多沉。

准备工作

- 一根窄木条
- 几张报纸

跟我一起做

注意把握好长度哦！

1 把木条放到桌子上，伸出桌子外一小半。

2 在木条上面盖上报纸，铺平报纸，报纸和桌子之间不要留下很大的空间。

3 用拳头迅速地击打木条露在桌外的部分。

观察结果

报纸并没有被木条的另一端掀起来。

怪博士爷爷有话说

　　报纸没有像想象中那样被掀起来，是因为大气压力在作怪。报纸上方的空气压力只从上方施加到报纸上。如果小朋友的力气足够大，木条甚至会被击断，但盖在上面的报纸依然不会被掀起来。假如慢慢地用力，让空气有时间跑到报纸下方，这时报纸上方和下方的大气压力就恢复了平衡，它们的力量变得一样大，木条就会把报纸掀起来。

　　我们感觉不到空气，是因为已经适应了这种压力，如果空气变轻，我们就会呼吸困难！

2. 占空间的热空气

热空气比冷空气更占空间，这是为什么呢？下面的实验会告诉小朋友答案！

准备工作

- 一个气球
- 一个玻璃瓶
- 一个盛有热水的锅

跟我一起做

1

将气球套在玻璃瓶上。

2 将玻璃瓶放入锅里的热水中，静置 5 分钟。

观察结果

气球开始膨胀。

没有人吹气球，可气球居然变大了！

怪博士爷爷有话说

　　玻璃瓶放入热水中后，瓶中的空气温度会升高。这样，空气分子就会跑得更快、更远，使气球膨胀。

　　大气中的热空气也是这样，它不如冷空气密度大，所以与等量的冷空气相比，热空气占据的空间更大，而和占据相同空间的冷空气相比，热空气更轻。

3. 空气中的氧

我们每天都在吸入空气中的氧气，那么空气中究竟有多少氧呢？怪博士爷爷带着大家一起来计算一下。

准备工作

- 一支削尖的铅笔
- 一个干净的钢丝球
- 一个盛有水的盘子
- 一个量杯

跟我一起做

1 先将铅笔尖插入钢丝球中，再将钢丝球弄湿。

2 让铅笔立在盛有水的盘子中，钢丝球在上，并用量杯将其罩住，静置 3 天。

观察结果

钢丝球生锈了，而且水面还上升了，填满了量杯约 1/5 的空间。

怪博士爷爷有话说

钢丝球生锈的过程，用尽了量杯中的 ，使量杯中的气压降低了，于是盘子里的水就会进入量杯中，占据被消耗掉的氧气的领地。小朋友会问，为什么水会填满 1/5 ？那是因为氧气大约占空气的 1/5，所以水就升至量杯的 1/5 处。剩下的空气中，绝大多数是氮气，另外还有一小部分其他气体，如二氧化碳等。

4. 会魔法的玻璃杯

水杯就像被施了魔法，里面的水居然不会洒，这是为什么呢？跟着怪博士爷爷一起做个实验吧。

准备工作

- 一个玻璃杯
- 适量的水
- 一张明信片（厚一些的日历纸也可以）

跟我一起做

1 将玻璃杯装满水，最好让水稍微溢出一点点。

2 用明信片盖住杯口。

3 用手压住明信片，迅速把玻璃杯底朝上颠倒过来。

把压着明信片的手拿开，看看发生了什么？ **4**

天啊！水不会洒出来吧？

观察结果

尽管把玻璃杯倒置了过来，但是明信片没有掉，水杯里的水也没有流下来。

怪博士爷爷有话说

多么神奇的现象啊！这是因为空气的压力紧紧地压住了明信片，使它动弹不得。但只要轻轻掀开明信片的一角，空气就会跑进玻璃杯中，把水挤出来。可见，空气的压力不仅作用于物体的上方，它同时作用于物体的各个方向。你看空中的雪花就是因为受到空气中各个方向的力，才会漫天飞舞的！

5. 难吸的饮料

小朋友喝饮料的时候都喜欢用吸管，可是有时候却吸不到饮料，这是为什么呢？一起做个实验吧！

准备工作

- 一个饮料瓶
- 水
- 一根吸管
- 一卷胶带

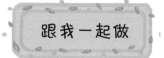
跟我一起做

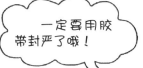
一定要用胶带封严了哦！

1

向饮料瓶中倒满水，将吸管插入瓶子里。

2

撕下一条长约 10 厘米的胶带，仔细地将其紧紧缠绕在饮料瓶的瓶口，将吸管和瓶口之间的缝隙封住，再用第二条、第三条胶带缠绕，以确保没有空气透过胶带。

3 将吸管的末端放入嘴里，然后像平时那样吸，试着喝水，并且始终不要把嘴移开。

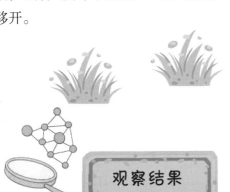

观察结果

哎呀！想喝到水真难啊！

即使能将水吸进嘴里，量也不会很多。

怪博士爷爷有话说

小朋友知道吗，正是由于气压的作用，我们才可以用吸管喝到饮料。正常情况下，将吸管含在嘴里吸水的时候，就会使吸管中的气压降低。这时，外面的气压会将水压入吸管中。但是，现在瓶口被密封了，外面的空气没有办法挤压瓶中的水，所以就吸不到水了。

6. 飘浮的乒乓球

云为什么会飘在空中？小朋友们跟着怪博士爷爷一起做下面的实验，动动小手，去看看到底是怎么一回事吧。

准备工作

- 一个强力电吹风
- 一个乒乓球

跟我一起做

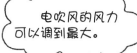

电吹风的风力可以调到最大。

1 把电吹风的口朝上，打开开关。

2 把乒乓球慢慢地放到热乎乎的气流中。

3

轻轻倾斜电吹风，看看又会发生什么？

观察结果

电吹风吹出的热气流把乒乓球托了起来，悬浮在空气中。倾斜电吹风，小球会随着电吹风吹出的气流一起摆动。

怪博士爷爷有话说

伯努利原理告诉我们，液体或气体流速越快，压强就越小。吹风机使乒乓球周围的气压小于顶部气压，所以上面的大气压把球"压"下去了，没有飞走。

7. 不会以大欺小的气球

如果把一大一小两个气球连在一起，它们会如何分配体内的空气？做个实验瞧一瞧，看结果跟小朋友想的是否一样。

准备工作

- 两个同样的气球
- 一节细管子
- 两个衣帽夹

跟我一起做

1 将两个气球吹起来：一个气球吹最大体积的一半大小，另外一个吹最大体积的 1/4 大小。

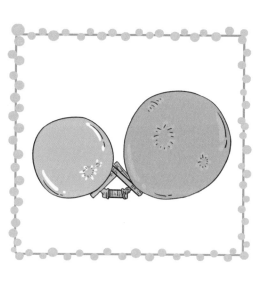

2

用衣帽夹夹紧气球吹气口，再用细管子将两个气球的吹气口连接在一起。

3

同时放开两个夹子。

大气球会把小气球吹起来吗？

我猜会不会小气球更有力量？

观察结果

小气球居然把所有的空气都吹入大气球里，大气球没有"以大欺小"，小朋友你猜对了吗？

怪博士爷爷有话说

　　小气球虽然个头小，但它里面的气压更大，所以就把空气都吹进了大气球。这就像风，它总是从气压高的地方吹向气压低的地方。小朋友如果仔细观察标注了高低气压分布的气象图，就会轻易地判断出风从哪个方向吹来。

8. 能吃鸡蛋的瓶子

煮熟的鸡蛋如何能完整地放到细颈瓶里？小朋友和怪博士爷爷一起做一个有趣的实验吧。

准备工作

- 一只细颈瓶
- 一个煮熟的剥了皮的鸡蛋
- 一块抹布
- 一盆热水和一盆冷水

跟我一起做

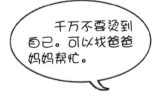

千万不要烫到自己。可以找爸爸妈妈帮忙。

1

用一块厚抹布抓住瓶子，再用烧开的热水冲洗细颈瓶的内部。

2 把剥了皮的鸡蛋放到瓶口，然后立刻把瓶子放到冷水中。发生了什么？

观察结果

比瓶口大的鸡蛋被吸进了瓶子里。

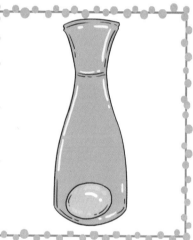

怪博士爷爷有话说

瓶子里面的空气受热膨胀并跑出了瓶子，而当空气变冷后会收缩，体积就会变小。在瓶口放上鸡蛋之后，瓶子就相当于被密封住了。这时气体收缩会使瓶子内部产生一个负压，外部的高气压用力把鸡蛋向下压，这样鸡蛋就被吸进了瓶子里。

9. 绕道的侧风

小朋友朝点燃的蜡烛吹口气，蜡烛就会熄灭，但如果蜡烛被挡住了，还能吹灭吗？一起来做个实验吧。

准备工作

- 一只啤酒瓶
- 一根点燃的蜡烛

跟我一起做

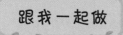

注意调整好啤酒瓶跟蜡烛的位置哦。

 1 在点燃的蜡烛前面放上啤酒瓶。

 2 对着酒瓶吹气，看看发生了什么？

 观察结果

吹的气绕过了啤酒瓶,把后面点燃的蜡烛吹灭了。

 怪博士爷爷有话说

小朋友对着啤酒瓶吹气,瓶子背后就会产生低压,周围的空气会跑去平衡低压,这时产生的气流就会把蜡烛吹灭。在高速公路上,如果小轿车司机要超越大货车时,一定要小心右侧吹来的侧风。因为行驶中的大货车会使两边的空气流动得很快,从而产生强大的侧风。如果小轿车驶进了这个侧风区域,就会被它吹向左侧。

10. 毛衣针变长了

小朋友有没有发现，妈妈用的毛衣针会变形，时长时短。下面跟着怪博士爷爷一起做个实验，为妈妈找出答案。

准备工作

- 一根毛衣针
- 一枚大头针
- 一个硬纸板做的箭头
- 一根蜡烛
- 一个软木塞
- 两只酒瓶

跟我一起做

1 把软木塞塞入一只酒瓶，然后把毛衣针的一头插在软木塞上，另一头搭在另外一只酒瓶瓶口，并在下面垫上一根插有箭头的大头针。

把蜡烛点燃，并从下面烧烤毛衣针。

3 观察箭头的指向。

观察结果

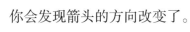
你会发现箭头的方向改变了。

蜡烛的高度要调整好，不要烧到毛衣针。

**怪博士爷爷有话说**

热胀冷缩的原理使毛衣针变长了，从而带动下面的大头针转动，箭头也就跟着改变了方向。有的小朋友问我，大桥上为什么要有空隙呢？其实也是这个道理。在炎热的夏天，大桥会受热膨胀，为了防止大桥隆起、变形甚至断裂，工程师就要在桥梁间留下一定的缝隙，这些缝隙也被称为伸缩缝。

11. 保鲜膜下的温室

我们的地球现在变得越来越热，小朋友想知道原因吗？来跟我一起做个实验吧。

准备工作

- 两个玻璃杯
- 两支温度计
- 透明的食品保鲜膜
- 一根橡皮筋

跟我一起做

1 分别向两个玻璃杯中倒入半杯水，其中一个玻璃杯用保鲜膜盖住，并用橡皮筋扎牢。

2

将两个玻璃杯放到阳光下，每隔两小时用温度计分别测两个玻璃杯中的水温。

哪个杯子中水的温度更高呢?

观察结果

盖有保鲜膜的玻璃杯里，水温远远高于另一个玻璃杯。

怪博士爷爷有话说

温暖的阳光使保鲜膜下的空气很快变热，但由于保鲜膜是密封的，玻璃杯内的热空气没办法跑出去，从而使得杯里的水也变热了。我们的地球变得越来越热，是因为石油、煤炭或汽油在燃烧的过程中会产生大量的二氧化碳。在大气层中，这些气体就像保鲜膜一样，会保持住热量，使得地球就像一个温室，越来越热，这也就是常说的温室效应。

12. 不锈钢盆上的闪电

小朋友知道天空中亮亮的闪电是如何产生的吗？做个小实验，一起体验一下。

准备工作

- 一个带孔的不锈钢盆
- 一个气球
- 一个干燥的玻璃杯
- 一件羊毛衫

跟我一起做

将不锈钢盆放到玻璃杯上。

2

将气球吹大，用羊毛衫小心地摩擦气球。

动作轻一些，不要将气球弄爆了！

将气球放到不锈钢盆中。

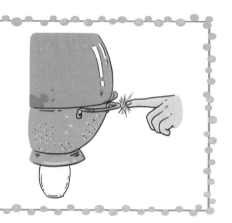

4 用手指小心地、慢慢地接近盆把手或盆沿，但不要直接用手抓。

> 手指好像被电到了，麻酥酥的。

观察结果

当手指距离不锈钢盆足够近时，就会跳出一个小火花，可以明显感觉到它。

怪博士爷爷有话说

摩擦使气球带上了电荷。如果小朋友是在一个黑屋子中做这个实验，甚至可以看到火花。闪电是同样的道理，雷雨云中的小水珠挤啊挤的相互摩擦，产生电荷，当这些电荷积攒的足够多的时候就会放电，产生电火花，形成闪电。

13. 甩出的雷声

雷雨天，闪电过后就会听到雷声，小朋友知道是怎么回事吗？做做下面的实验吧！

● 一张薄的 A4 纸

跟我一起做

1 按照图示把纸折成特定的形状，也可以请爸爸妈妈帮忙哦。

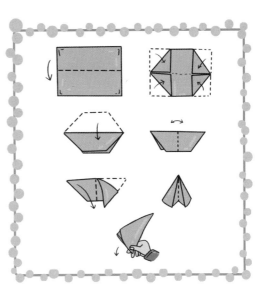

用手指捏住折纸的两个角，举过头顶。

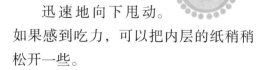

迅速地向下甩动。如果感到吃力，可以把内层的纸稍稍松开一些。

如果没有成功，可以多试几次。

观察结果

甩得足够快，折纸就会发出"嘭"的一声。

怪博士爷爷有话说

听到响声是因为纸袋内部的空气被压了出来。小朋友们已经知道闪电是巨大的电火花，它会使周边的空气变热。由于空气变热膨胀的速度太快，所以就产生了巨大的声响，也就是雷声了。

为什么闪电过后才能听见雷声？其实雷声和闪电是同时产生的，我们先看到闪电，后听到雷声，是因为光的传播速度要比声音的传播速度快。利用这个特点，我们可以计算雷雨云的距离：只要记录一下从看到闪电到听到雷声有多少秒，然后把这个数值除以3就是雷雨云距离你的千米数了。

29

14. 吸水的杯子

龙卷风的威力有多大？怪博士爷爷带着大家做一个有趣的实验，小朋友就知道了！

准备工作

● 一根茶烛
● 一个盛水的盘子
● 一个玻璃杯
● 一块橡皮泥

跟我一起做

1

将点燃的茶烛放入盛有水的盘子里。

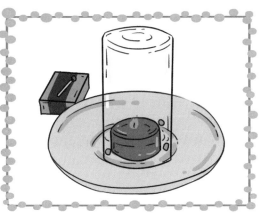

2

在玻璃杯的边缘粘些橡皮泥，再将玻璃杯倒扣在点燃的茶烛上。

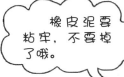

橡皮泥要粘牢，不要掉了哦。

观察结果

在茶烛燃烧过程中，水会流进玻璃杯使茶烛浮起来，最后火焰会熄灭。

怪博士爷爷有话说

点燃的茶烛耗尽了玻璃杯里的氧气，使玻璃杯里产生了一个负压，外面的空气就会把水压入杯子里。当茶烛持续燃烧消耗完了杯子里的氧气后，火焰也就熄灭了。威力极大的龙卷风的形成原理就是这个道理。龙卷风的上方会有很低的负压，这个负压会把空气从下方吸到上方去。如果龙卷风经过水面，就会把水吸到空中。古人不知道这个道理，还以为是龙在吸水，就将它称为"龙吸水"。

15. 酒瓶测温度

小朋友今天有没有看家里的温度计是多少摄氏度啊？温度计是怎样工作的呢？通过下面的实验来看一看吧。

准备工作

- 一瓶蓝墨水
- 一些冷水
- 一个有软木塞的透明酒瓶
- 一根吸管
- 一块橡皮泥

跟我一起做

1 在冷水中倒入适量的蓝墨水，使水变得有颜色。

2

将带有颜色的冷水倒入透明的酒瓶中，然后在软木塞上钻个孔，并将其塞回酒瓶。

3 将吸管通过软木塞上的小孔插入酒瓶，一直插到液面以下。

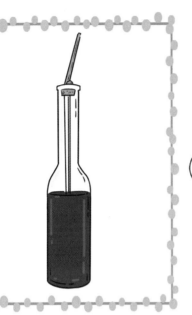

4

用橡皮泥将吸管和软木塞间的缝隙密封。

一定要密封好，别漏气了。

5 用双手握住酒瓶，仔细观察。

观察结果

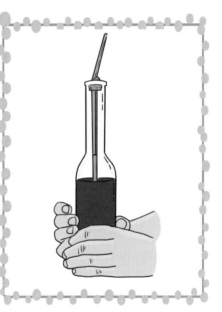

好像有个隐形人在吸水！

握住酒瓶后，吸管里的水慢慢升起来了。

怪博士爷爷有话说

　　手的热量加热了酒瓶内的空气，空气受热膨胀，体积变大了，从而挤压瓶子里的水。水无路可去，只能通过吸管的出口向上，使瓶子内外的压力保持平衡。温度计实际上是由一根管径很细的玻璃管和一些液体构成的。如果温度计里的液体受热膨胀，那么液面就会升高，从而指示相应的温度。小朋友现在观察一下家里的温度计，它的液面读数有没有变化？

16. 变冷的沙子

白天的沙漠实在是太热了，到了晚上会不会也很热？一起做个实验瞧一瞧吧！

准备工作

● 两个同样的玻璃杯
● 水
● 沙子
● 两支温度计

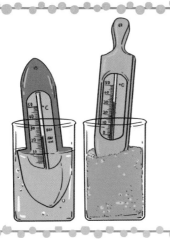

跟我一起做

1 将沙子和水分别装入两个玻璃杯中。

2 将两个玻璃杯同时放到一个阳光充足的窗台上照射，一个小时后分别记录它们的温度。

3 　　等太阳落山一个小时后，再分别测量一次两个玻璃杯中水和沙子的温度。比较白天和晚上的测量结果。

这个实验时间比较长，要有耐心哦！

观察结果

白天，沙子的温度比水高；
晚上，沙子的温度比水低。

怪博士爷爷有话说

太阳光中的红外线很快就会加热两个玻璃杯。不同的是，沙子在太阳光下变热的速度要比水快。但是沙子不能很好地储存热量，所以在晚上，沙子很快就冷了下来。沙漠也是这样，尽管它白天非常热，但是到了晚上，很快就会降温，有时还会降到零度以下。

17. 锅盖上的雨

外面下着雨，小朋友不能出去玩了，可是雨是怎么形成的呢？跟着怪博士爷爷去看一看吧。

准备工作

- 一个有盖子的小锅
- 一个大锅盖
- 一块抹布

跟我一起做

计算好时间，不要太短！

1 将大锅盖放到冰箱中冷冻30分钟。

2 在小锅中装入半锅水，盖紧盖子，在火上煮沸。

3

用抹布保护手用手把小锅上的盖子取下；同样也用抹布保护手，用手把冰冷的大锅盖放在距离小锅之上30厘米处，稍稍倾斜挡住冒上来的蒸汽。发生了什么？

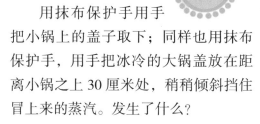

可不要把蒸汽弄到脸上哦！

观察结果

大锅盖上有许多水滴落下来，就像下雨一样。

怪博士爷爷有话说

　　冰冷的大锅盖使经过它表面的水蒸气迅速冷却下来，凝成小水珠，很快这些小水珠又聚集成大水滴，最后落到锅里。

　　海水在太阳光的照射下吸收热量，形成水蒸气。当这些水蒸气在高空遇到冷空气时，会聚集成云，并随风飘到大陆上。在那里云继续冷却，最终变成水滴从天空中落下，这就是雨。

18. 紫包菜的魔术

小朋友们，酸雨是味道酸的雨水吗？怪博士爷爷带大家做一个神奇的实验，看看什么是酸雨。

准备工作

- 几片紫包菜的叶子
- 一个烧水锅
- 三个玻璃杯
- 醋
- 洗衣粉

跟我一起做

这个有颜色的水可是会魔法的哦！

1 将紫包菜的叶子放到锅中煮上一小会儿，并在锅中放置一夜。第二天，将菜叶取出，留下锅中有颜色的水。

在三个玻璃杯中倒入等量的自来水，并分别将醋和洗衣粉加入到其中的两个玻璃杯中。 **2**

3 在每个玻璃杯中倒入一些紫包菜的有颜色的水。

有神奇的现象发生了！

观察结果

有醋的玻璃杯中，水变成了粉红色；有洗衣粉的玻璃杯中，水变成了黄色；只有自来水的玻璃杯中，水变成紫包菜叶的颜色。

怪博士爷爷有话说

　　紫包菜的液体相当于指示剂，它在遇到酸性液体或碱性液体的时候会变色。当紫包菜的液体遇到酸性的醋时，变成了粉红色；当它遇到碱性的洗衣粉溶液时，则变成了黄色。

　　这里怪博士爷爷告诉大家，在正常情况下，空气中含有少量的二氧化碳，它与水结合会呈现轻微的酸性。所以当汽车和工厂向空气中排放大量的二氧化碳和其他有污染的气体后，有酸性的液体就会被雨水带到地面上，形成对植物有害的酸雨。

　　小朋友想要知道下的雨是不是酸雨，那就施一次紫包菜的魔法，看看雨水变成了什么颜色吧！

19. 彩色的桥

雨后的彩虹真是太漂亮了，小朋友想不想自己做一道彩虹？跟着怪博士爷爷行动起来。

准备工作

● 一根有喷洒功能的水枪

跟我一起做

1

夏日午后，背对着太阳站立，拿起水枪。

打开水龙头，水呈雾状喷洒出来。

> 一定要在晴朗的天气做这个实验哦！

观察结果

喷出的水形成一道水雾，在阳光的照射下水雾旁出现了一道彩虹。

怪博士爷爷有话说

出现这个实验现象的原理与雨后出现彩虹是一样的。下雨的时候，空气中有大量的小水滴，阳光被这些小水珠折射，分解成不同颜色的光。那为什么要背对着太阳呢？因为只有当你背对着太阳时，才可以看见前方雨中形成的彩虹。小朋友想随时看到彩虹的话，不妨试一试。

20. 蜘蛛网上的露珠

清晨，蜘蛛网上结满了露珠，这是怎么回事？一起来做个小实验吧。

- 食品保鲜膜
- 一只玻璃碗
- 几块不同大小的石头

跟我一起做

1 太阳落山前，在沙地上挖一个小坑，把玻璃碗放在里面。

用保鲜膜把小坑和玻璃碗都遮起来。 **2**

小心一些，不要把保鲜膜弄破了。

3 用大些的石头把碗周围的保鲜膜压住，再将一些小石头放在碗中间的保鲜膜上。第二天早上起来，看看保鲜膜下的碗里有什么？

观察结果

第二天早上，保鲜膜下的玻璃碗里有许多小水珠。

怪博士爷爷有话说

　　玻璃碗虽然被盖住了，但在保鲜膜下面的沙子和空气中，总是会含有一些水蒸气。这些水蒸气在晚上会由于气温降低而在保鲜膜上冷却凝聚成小水珠，然后落到碗里。

　　我们知道热空气比冷空气可以吸收更多的水分，白天富含大量水分的空气在夜间冷却下来时，就会在蜘蛛网上、树叶上形成晶莹的小露珠。

21. 巧测露点

小朋友见过了露，但你知道它是在哪个温度点开始凝结的吗？动动小手做下面的实验吧！

准备工作

- 一个金属罐
- 水
- 一支温度计
- 冰块

跟我一起做

1 用温度计测量气温，并记录下来。

2 向金属罐中倒水，这里一定要确保金属罐的外壁是干燥的。

3 将温度计放入金属罐中。

4 向水中加冰块，一次加一块。用温度计小心地搅拌，近距离观察金属罐的外壁以及温度计示数。

观察结果

这个实验必须在室外进行哦！

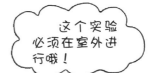

金属罐的外壁上开始出现小水珠，温度计的示数下降了。

怪博士爷爷有话说

金属罐外壁上开始出现小水珠时的温度就是露点或接近于露点。

气温降低时，空气中的水汽会在某个物体上冷凝，凝结成的小水珠就是露。当潮湿的空气接触到任何使它变冷、达到露点以下温度的东西时，露就出现了。

露点取决于空气中的水汽量。如果空气中含有的水汽很少，那么或许在温度降到0℃以下，露才会形成。而如果空气含有大量的水汽，气温为20℃时，露就会形成。

22. 不结冰的水

特别寒冷的天气，会有专门的撒盐车在路上撒盐，这是为什么？跟着怪博士爷爷做一做下面的实验吧。

准备工作

- 一个玻璃杯
- 一些小冰块
- 一些盐
- 一支温度计

跟我一起做

1 向玻璃杯中放入大量的冰块，并倒入一些水，使水量达到玻璃杯的边缘。

2 将温度计放入玻璃杯，读一读示数。

3

向杯中撒一些盐，再仔细观察温度计。

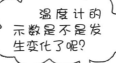

温度计的示数是不是发生变化了呢？

观察结果

玻璃杯中的冰块融化，温度不断降低，但水却不会结冰。

怪博士爷爷有话说

　　玻璃杯里的冰块遇到盐开始融化，同时玻璃杯里面的温度不断降低，最低甚至可以降到零下 12 ℃。虽然水温已经远远低于 0 ℃，但水却不会再结冰，这是为什么呢？那是因为盐水结冰的温度通常要低于零下 15 ℃。

　　同样的道理，在路上撒盐，会使路面上结的冰融化，只要温度不低于零下 15 ℃，路面就不会再结冰，这也避免了因为路滑造成交通事故。

23. 旋转的小风车

风车有时转得很快，有时却转得很慢，想知道原因吗？一起做个实验吧。

准备工作

- 一块纽扣形的磁铁
- 一支铅笔
- 一张厚图画纸
- 一个圆规
- 一把剪刀
- 一把直尺
- 一枚大头钉
- 一卷透明胶带

跟我一起做

1 将纽扣形的磁铁用透明胶带固定在铅笔的一头。

2 用圆规在图画纸上画一个直径为8厘米的圆，然后用剪刀剪下来。

3

用直尺和铅笔将圆形纸分成 8 等份，在圆形纸周围均匀剪 8 个 3 厘米长的开口。

4

将圆形纸折成风车状。用一枚大头针穿过风车中心，并将大头针针头一端悬在纽扣形的磁铁上。

小风车制作完成啦！

观察结果

当室内有空气流动时，小风车就会旋转。

 怪博士爷爷有话说

　　因为小风车悬挂在一个敏感的磁铁上，所以任何一点微弱的空气流动都能使小风车旋转。气流越强，小风车旋转得越快。也就是说，小朋友通过小风车旋转的快慢就可以看出空气流动的状况了。

　　古人用风车来抽水、磨面，现在的人们用它来发电。其实这都是利用了风能，而且风能是取之不尽、用之不竭的。

24. 自制晴雨计

天空会不会下雨，怎么才能提前知道呢？怪博士爷爷带着大家一起寻找方法吧。

准备工作

- 两根筷子
- 一块纱布
- 一团废布
- 一枚大头针
- 一只碗
- 一块小木块
- 棉花
- 食盐
- 水
- 一根细线

跟我一起做

考验小朋友们动手能力的时候到啦！

1 用纱布包上一些棉花，扎成一个球状纱布包。

2 制作饱和的食盐溶液：在小碗里加入少许水，然后向碗里加入食盐并用筷子搅拌，不断加入食盐，直到碗底的食盐颗粒无法溶化。

将纱布包浸在饱和的食盐溶液里，浸透后取出晒干。

4 用细线把纱布包悬挂在筷子的一端。把质量与纱布包相等的一包布团挂在筷子的另一端。

5 用木块和另一根筷子做一个固定的支架。

6 在第一根筷子的中点钻一个小孔，将大头针穿过小孔，使筷子固定在支架上。然后，将筷子调整一下，使它保持平衡。晴雨计做成了，观察一下，会发生什么现象？

观察结果

当天气晴好时，晴雨计会一直保持平衡；当天气阴沉快下雨时，晴雨计悬挂着纱布包的一端就会向下倾斜。

怪博士爷爷有话说

纱布包里含有很多细小的食盐晶体，而盐能吸收空气中的水分。天气转阴时，空气的湿度增大，空气中的水分增多，纱布包吸附了水分，那么平衡的晴雨计中悬挂着纱布包的一端就会向下倾斜，表示将要下雨。

小朋友跟爸爸妈妈去郊游的时候，提前看一看晴雨计，就能做好充足的准备哦！

25. 降雨量的测量

小朋友知道什么是降雨量吗？它是怎么观测得到的？怪博士爷爷来告诉你！

准备工作

- 一把锥子
- 一个无盖的铁罐
- 一个玻璃瓶
- 一只口径为 20 厘米的塑料碗

跟我一起做

1

用锥子在塑料碗底部穿一个比玉米粒稍大的小洞，然后将碗放在无盖的铁罐上。

2

在罐内放置一个玻璃瓶，瓶口与碗底的小洞相连。这样一个简易的雨量筒就做好了。

70厘米是指筒口距地面的距离哦。

3

将简易雨量筒放在距地面70厘米的高处承接雨水。

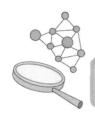

观察结果

雨停后，用秤称出瓶中的水重，30克水即相当于1厘米的降雨量。

怪博士爷爷有话说

　　从天空降落到地面上的雨水，未经蒸发、渗漏、流失而在水平面上积聚的水层深度，就称为降雨量（以毫米为单位），它可直观地表示降雨的多少。目前，气象站测定降雨量的常用仪器是雨量筒和量杯。雨量筒的直径一般为20厘米，内装一个漏斗和一个瓶子。量杯的直径是4厘米，将雨量筒中的雨水倒在量杯中，根据杯上的刻度就可知道当天的降雨量了。今天如果下雨了，小朋友就来亲自测一测降雨量吧！

26. 皮球的阴影

月有阴晴圆缺，小朋友知道它的原理是什么吗？赶快动手做下面的实验吧！

准备工作

● 一盏台灯
● 一只小皮球
● 一支铅笔

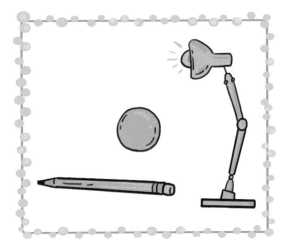

跟我一起做

1 把铅笔的笔尖插在小皮球的气门处，在黑暗的房间中，打开台灯。

2 在距离台灯半米远的地方用铅笔举起皮球，缓慢地移动皮球，使得皮球绕我们的头部转一圈。仔细观察一下，有什么现象发生？

晚上做实验不会受到太阳光干扰，效果会更好哦！

观察结果

随着小皮球的移动，皮球的阴影也在不断变化。

怪博士爷爷有话说

这个小实验中，皮球代表月亮，灯泡代表太阳，头部代表地球。皮球上的阴影从无到有、从少到多、从多到少，说明月亮围绕着地球转动的时候，它的相对位置不停地变化，反射太阳光的部分有时增加、有时减少，所以我们从地球上看，移动的月亮就会出现不同的形状。

古人看到月亮不同的形状，还会作出美妙的诗篇，真是了不起！

27. 月亮的大光环

夜晚，有时能够看到月华，也就是月亮周围的大光环。这个现象是怎么形成的呢？

准备工作

- 一盏台灯
- 一台冰箱
- 一个透明塑料杯

跟我一起做

1

将塑料杯放入冰箱冷藏 5 分钟或更久。

2 打开台灯，调整台灯，让台灯灯泡与你的视线同高。

3 将塑料杯从冰箱中拿出来，然后往杯子上呼气，你站在一旁，透过塑料杯看灯泡。

观察结果

灯泡的周围出现了彩虹的颜色。

怪博士爷爷有话说

　　这个实验给小朋友展示了月华的形成原理。呼出来的水蒸气遇到冷的塑料杯，就会凝结成小水滴，当透过小水滴看灯泡的光时，小水滴会使光绕射，并且分离出彩色的光，这和透过云层中的小水滴看月亮周围的光是同样的道理，我们所看到月亮的光环就是月华。

　　月华是一个彩色光环，色序为内紫外红，最多可重复出现3次。有的小朋友说，有时月亮周围会出现内红外紫的光环，这又是什么？其实这种光环叫作晕。如果天空中有一层高云，阳光或月光透过云中的冰晶时发生折射和反射，便会在太阳或月亮周围产生晕。另外，由于有卷层云存在才出现晕，而卷层云常处在离锋面雨区数百公里的地方，随着锋面的推进，雨区不久可能移来，因此晕就成为阴雨天气的先兆。

28. 海风和陆风

在海边散步，吹着海风是不是很享受！那你知道海风是怎么吹来的吗？
让怪博士爷爷来告诉你答案吧。

准备工作

- 一把尺子
- 两支温度计
- 两个玻璃杯
- 一盏台灯
- 水
- 泥土

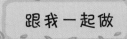

跟我一起做

1 将水倒进一个玻璃杯，杯里的水高
5厘米；将泥土倒进另一个玻璃杯，使得杯里的泥土也高5厘米。

2 将温度计分别插入两个玻璃杯里，静置
30分钟，然后分别记录温度计上的示数。

3 将台灯放在两个玻璃杯的中间，使光能均匀地照射到两个玻璃杯上。1小时后，记录温度计上的示数。关闭台灯，1小时后，再记录温度计上的示数。比较一下，有什么发现？

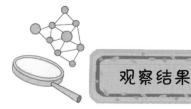

观察结果

泥土的温度比水的温度上升得快，下降得也快。

泥土保温的本领真是太差了！

可是温度变化会带来风吗？

怪博士爷爷有话说

陆地和海洋的温度变化差异，对空气的运动也会有影响。白天陆地受太阳辐射增温，陆地上空的空气也随之增温，并向上抬升。海面由于它的热力特性，受热慢，上空的空气温度相对较低，冷空气下沉并在近地面流向附近较热的陆地面，占领其因热空气上升而造成的空缺，形成海风。夜间陆地冷却快，海上温度下降慢，于是地面的气流从陆地吹向海面，形成陆风。

29. 平底锅里的海啸

自然界的海啸很凶猛，一不小心就会被它卷走，怪博士爷爷现在就告诉大家海啸是如何形成的。

准备工作

- 一个深平底锅
- 水
- 两块木块

跟我一起做

1 向平底锅中倒水，将两块木块放入水中，水要将木块完全淹没。

2 握住两块木块，迅速地让它们互相碰撞，挤压它们之间的水。

3

一遍遍地重复这个动作，直到木块无法再挤压水为止。

注意不要弄湿衣服哦！

观察结果

两块木块在水里迅速地互相碰撞，迫使它们之间的水向上涌，在那里形成波浪，这些波浪拍打着平底锅的边缘。

怪博士爷爷有话说

通过这个小实验，小朋友可以了解引发海啸的深海条件。在深海中，海底发生的大地震和火山喷发产生的力挤压着海水，使海水向上涌，这样就形成了足以威胁海滨城市安全的巨大海浪。这些巨大的海浪有时可能高达 15～30 米，它们常常是突然形成的，没有任何征兆，所以特别危险，往往会夺走许多人的生命。

30. 被遗留下的冰碛

冰川融化后，会有冰碛留下。下面一起来做一个冰川模型，看看冰碛是如何形成的吧。

准备工作

- 一个小杯子
- 沙子
- 小石子
- 水
- 一块木板
- 一把锤子
- 几根橡皮筋
- 几根钉子

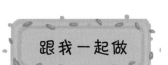

跟我一起做

1 向小杯子中放入一些沙子和小石子，再放入一些水，然后将杯子放入冰箱。

2 水结冰之后，将杯子取出，重复这个过程：加沙子、小石子和水，然后冷冻，直到杯子被装满。

3 用锤子将钉子钉在木板一端的中间位置，但不要将钉子完全钉入木板。

4 将木板有钉子的这一端架在一个固定物体上，用木板搭一个斜面。

从冰箱中取出杯子，将杯子放入温水中，直到轻敲杯子外壁时，杯中的冰可以滑出。 **5**

将从杯中滑出的冰块置于斜面的顶端，有沙子的一面朝下，用橡皮筋套住冰块和钉子。仔细观察，看看冰块融化后会出现什么现象。 **6**

观察结果

随着冰块的融化，小石子和沙子会从冰块中分离出来，其中有一些会沿着木板滑落，有一些会留在木板表面，形成奇怪的图案。

怪博士爷爷有话说

　　冰川是由大量冰块堆积而成的，在重力的作用下，它会沿着高山和山谷滑动，在岩石和土壤上削出沟壑。冰川的滑动会导致热的产生，使冰川融化，这个过程会持续一段时间，然后水会再次凝结成冰。

　　当冰川滑移时，它携带的大量岩石和土被留在其途经的地方，这些被遗留下来的沉淀物就叫作冰碛。这个实验告诉了小朋友冰碛形成的过程，冰碛可以在北极、南极、格陵兰岛等地找到。

31. 太阳的温暖

冬天，小朋友在室外玩耍也不会感到很冷，是谁给你提供了热量？做一个简单的实验就知道了。

准备工作

- 向阳的窗户
- 窗帘

跟我一起做

1

在晴朗的日子里，拉上窗帘，将手放在窗户旁。

打开窗帘，再一次将手放在窗户旁。有什么不同的感觉？

观察结果

打开窗帘后，手立刻感到温暖。

怪博士爷爷有话说

　　小朋友没有接触任何东西，但是感受到了热，其实这些热量来自太阳——一颗距离地球约 1.5 亿千米的恒星。太阳是一个热气环绕的星体，这些热气散发大量的热、光和其他能量。虽然只有非常少的一部分到达了地球，但这足以照亮和温暖我们。

　　有小朋友说，太阳距离我们实在是太远了。其实，太阳已经是距离地球最近的恒星了。它与地球的距离并不是固定不变的，冬天时约 1.4 亿千米，夏天时则约 1.53 亿千米。太阳的直径为 139.2 万千米，比地球大一百多倍。太阳内部会发生热核反应，反应生成的光和热为地球提供了光照和热量。

32. 舞动的丝带

太阳给我们带来了温暖，那么来自太阳的热是怎么达到地球的呢？怪博士爷爷来告诉大家。

准备工作

● 一根长丝带

跟我一起做

丝带不要太长，不然晃动起来不方便。

手持丝带的一端，晃动丝带。

这个实验蛮简单的嘛！

观察结果

整根丝带看起来像波浪一样。

怪博士爷爷有话说

能量经常以电磁波的形式从一个地方传向另一个地方，这种能量传输的方式被称为辐射。太阳发出的光和热以短波的形式传播到地球，而其他能量则以长波的形式传播。现在小朋友知道遥远的太阳热是怎么来到地球上的了吧！

33. 迟到的春天

为什么有的地方春天会来得晚一些？通过下面的实验就可以解释了。

准备工作

- 一个耐高温玻璃盘
- 一个没有灯罩的灯
- 一杯深色土
- 一杯浅色土
- 两支温度计

跟我一起做

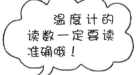

温度计的读数一定要读准确哦！

1 将准备好的玻璃盘放在灯的旁边，盘子的一半装深色土，另一半装浅色土，在两种土中各插一支温度计，记录两支温度计的示数。

2 点亮灯泡，让灯光照射盘子。

3 30分钟后，再次记录温度计示数，并与之前记录的示数进行比较。

观察结果

深色土的温度变得高一些。

怪博士爷爷有话说

在光能转换成热能之前，浅色土就将光反射出去了；而深色土吸收了光，并且将其转化为热能。这个实验模拟了阳光到达地球时出现的情况，深色土地区吸收太阳光，迅速升温；浅色土地区反射太阳光，保持凉爽。

可见，地球并不是均匀地变热的，与被沙子或冰雪覆盖的区域上空的空气相比，深色土壤上空的空气升温的速度要快得多，所以在冰雪覆盖的国家，春天要来得迟一些。

34. 黑色金属罐

热对不同颜色和材质的物体的影响有什么不同？怪博士爷爷来给大家做一个实验，一看便知。

准备工作

- 三个干净的金属罐
- 黑色和白色颜料
- 温水
- 一支温度计
- 三张索引卡
- 一个托盘
- 冷水

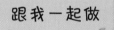

注意别把颜料弄到眼睛里！

1 在其中一个金属罐的内壁和外壁上都涂上白色颜料，在第二个金属罐的内壁和外壁上都涂上黑色颜料，第三个金属罐不涂颜料。

2 分别向三个金属罐中倒入准备好的温水，用温度计测量水的温度，并将温度计示数记录下来。

3 将三个金属罐都放在托盘里，在每个金属罐上盖一张索引卡，然后将托盘置于阴凉处，静置 20 分钟。在此期间，每过 5 分钟测量一次温度，并做记录。

4 将金属罐中的水倒出，并将其晒干，然后向其中倒入准备好的冷水，测量每个金属罐中水的温度并记录。

5 在每个金属罐上盖一张索引卡，将它们置于温暖的地方或放在阳光下，静置 20 分钟。在此期间，同样要每过 5 分钟用温度计测量一下每个金属罐中水的温度并记录。

两种情况下，会有不同的结果吗？

观察结果

在上述两种情况下，都是黑色金属罐中的水升温幅度最大，而不做处理的金属罐里的水升温幅度最小。

怪博士爷爷有话说

黑色的金属罐吸光最多，而这些光又转化成了热；其他的金属罐在光转化成热之前，就将光反射出去了。

小朋友夏天穿浅色的衣服比穿黑色衣服更凉快，就是这个道理了。

35. 陆地与水的较量

陆地和水，哪一个更容易升温？小朋友们开动脑筋，做一个小实验就知道了。

跟我一起做

好想知道到底是谁赢了。

1 将水和泥土分别倒入两个塑料杯。

2 将两个塑料杯放入冰箱，静置 10 分钟；然后再将两个塑料杯置于阳光下，静置 5 分钟。

测量水和泥土的温度并记录。

观察结果

泥土变热了，而水保持凉爽。

怪博士爷爷有话说

在阳光下，泥土比水升温快，这不仅是因为泥土的颜色比水深，还因为在水中，热可以通过水的对流运动传播到整个水体，而在泥土中，热仅保留在表面。就像你在热的沙滩上向下挖，会发现下面的沙子是凉的。

另外，水的比热容比泥土大，这就意味着，使水温升高1℃所需要的热要比使等量的泥土升高1℃需要的热多一些。所以，在晴朗的日子里，陆地比水更温暖。

36. 炎热的赤道

都说地球的赤道是最热的,可是为什么呢? 下面这个实验将告诉你答案。

准备工作

- 一个手电筒
- 一张纸

跟我一起做

1 让手电筒的光垂直照射在纸上。

2 倾斜手电筒,让手电筒的光斜射在纸上。看看有什么不同?

观察结果

当手电筒的光垂直照射在纸上时，光在纸上形成了一个小的圆形光圈。当倾斜手电筒，手电筒的光斜射在纸上时，纸上的光圈更大，呈椭圆形。然而，与之前的光圈相比，这个光圈看起来更暗。

怪博士爷爷有话说

形成圆形光圈的光和形成椭圆形光圈的光来自同一个光源，所以这两个光圈中的光一样多，但椭圆形光圈的面积大一些，其中的光自然就更分散一些。

同样的道理，与垂直照射地球的阳光相比，斜射地球的阳光在地球表面更分散一些。阳光带有的热量是固定不变的，只不过斜射地球的阳光带来的热量分散开了。

所以，被阳光直射的赤道或赤道附近得到的热量要比总是得不到阳光直射的南极和北极多。

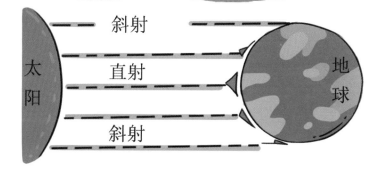

37. 昼夜的更替

一天分为白日和黑夜，是什么导致了昼夜更替？怪博士爷爷做的这个实验可以给你真相。

准备工作

- 一盏没有灯罩的台灯
- 一个橘子
- 一根毛衣针

注意看台灯有没有漏电，千万不要被电到。

跟我一起做

1 将没有灯罩的台灯置于一个黑暗的房间的正中央，将灯点亮，这个灯代表太阳。

2 将毛衣针插入橘子中，这个橘子代表地球。

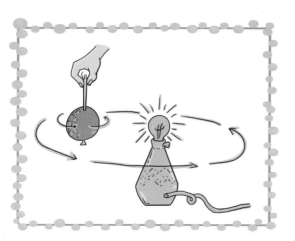

3 手持毛衣针，逆时针旋转橘子，同时让橘子围着灯逆时针转动。

原来是在模拟地球的自转和公转啊！

观察结果

在转动过程中，橘子的不同部位被灯照亮。

怪博士爷爷有话说

这个实验中，灯并没有移动，是橘子在动。所以，当我们看到太阳升起时，它并没有真的升高；而当我们看到太阳落下时，它也没有真的降低。这一切都是因为地球在转动。

地球绕着地轴自西向东自转。地球每 24 小时自转一圈，当我们所在的区域转离太阳时，太阳就落下了，我们生活的区域就处于阴影中，这就是黑夜；当我们所在的区域再次面向太阳时，太阳就升起了，这就是白天。

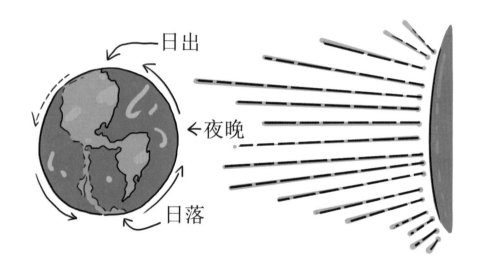

日出

夜晚

日落

38. 日落的蜃景

小朋友们有没有发现，早上我们在太阳真正越出地平线的前几分钟就看到了太阳，而在日落后的几分钟内，我们还能看到它！现在跟着怪博士爷爷去探索其中的奥秘吧！

准备工作

- 一个有盖子的广口瓶
- 水
- 几本书
- 一盏没有灯罩的台灯

跟我一起做

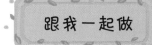

自己的书不够的话，可以去向哥哥姐姐借几本哦！

1

取几本书，在桌子上摞成两摞，其中一摞略高。

2 将台灯放在较高的那摞书那边的地面上，小朋友站在较低的那摞书这边的桌边，将较高的那摞书继续摞高，直到其高于台灯，将台灯挡住。

3 将广口瓶装上适量的水，平放在较低的那摞书上，让其侧壁与书接触。

观察结果

即使台灯被书挡住了，依然可以看到灯。

怪博士爷爷有话说

　　广口瓶的瓶壁就像是地球的大气层，它折射光线，所以能看到台灯。它制造了一个蜃景，就像那些出现在沙漠中、海面上、天空中的蜃景一样。

　　与中午时的阳光相比，正在升起或落下的太阳发出的光需要穿过的大气层更厚，这时太阳光会发生折射。所以，日出时，在太阳升起之前，我们就可以看见太阳的影像；而日落时，在太阳落下之后的几分钟内，我们还能看到太阳的影像。

39. 简易日晷

日晷是中国古代利用日影测得时刻的一种计时仪器，你想知道怎么制作它吗？赶快进行下面的实验吧！

准备工作

- 一个圆规
- 一支铅笔
- 一把剪刀
- 一块硬纸板
- 一块手表
- 一根小木棍

跟我一起做

1

用圆规在硬纸板上画一个圆，然后用剪刀将圆剪下来，并用圆规的尖头在圆心处戳一个洞，将小木棍插入洞中。

2 选一个晴朗的
天气，将圆形硬纸板放在一个阳
光充足的地方。此时，可以看到
阳光下小木棍的影子投影在硬纸
板上。

3 将小木棍投射在
硬纸板上的阴影画在硬纸板上，
再将相对的时刻写在旁边，一个
小时画一次。

观察结果

随着时间的变化，阴影的
位置也在不断地移动着。画在
硬纸板上的线条，最后组成了
以硬纸板圆心为起点的许多条
射线，一个简易的日晷完成了。

怪博士爷爷有话说

　　这个小实验运用了地球公转的知识。地球一直在围绕着太阳公转，而且转动速度恒定不变。然而，生活在地球上的我们感觉不到地球的这种转动，反而以为是太阳在转动：早晨或傍晚，太阳在天边；正午，太阳则转到了天空的正上方。太阳的这些位置变化，使得阳光下物体的影子也不停地改变位置。因此，当太阳光照在日晷上时，晷针（小木棍）的影子就会投射在晷面（硬纸板）上。太阳由东向西移动，投向晷面的晷针影子也慢慢地由西向东移动。而每小时按照影子记录一次，就会在晷面上形成许多射线。

40. 模拟日食

日食是不太容易看到的天文现象，但通过下面的这个实验你就可以轻易的看到啦！

准备工作

- 两张硬纸板
- 纸黏土
- 一根小木棍
- 一盏没有灯罩的台灯
- 一张桌子
- 一支笔
- 几根钉子
- 一卷胶带

跟我一起做

1 用纸黏土做一个圆月和一个底座。用木棍将它们连在一起，立在桌子上。

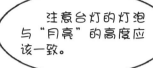

注意台灯的灯泡与"月亮"的高度应该一致。

将台灯放在距离"月亮"35厘米的地方。

将一张纸板修剪、折叠，粘成支架，使另一张纸板在它的支撑下立在桌面上，使"月亮"在台灯与纸板之间，且三者在一条直线上，再打开台灯。

3

注意三者的位置关系，不要弄错了。

4 调整台灯直到阴影清楚。在阴影的正中心做一个记号，在阴影的边缘做两个记号。用钉子分别在这三个位置戳一个洞，并在纸板的背面标出阴影中心洞的位置。

小心不要戳到手指哦！

5 将室内的灯光调暗，走到纸板的背面，通过阴影边缘的洞观察；然后换个位置，通过阴影中心的洞观察。

能看到什么现象？

观察结果

通过阴影边缘的洞，看到了日偏食的模拟景象；通过阴影中心的洞，看到了日全食的模拟景象。

怪博士爷爷有话说

　　这个实验中，台灯相当于太阳，当从阴影边缘观察"月亮"与"太阳"时，看到"月亮"将"太阳"的一部分遮挡起来，这是日偏食。当从阴影中心观察"月亮"与"太阳"时，看到"月亮"将"太阳"全部遮挡起来，这是日全食。在现实中，日食就是太阳的光被月球挡住的现象。月球在绕地球运行的过程中，有时会跑到太阳和地球中间，这时月球的影子落到地球表面上，位于影子区域的观测者便会看到日食。

41. 地球的季节

赤道全年炎热，极地全年寒冷，温带地区全年四季分明，这是为什么呢？下面的这个实验会告诉你答案哦！

准备工作

- 一个橘子
- 一根毛衣针
- 一张硬纸片
- 一支签字笔
- 一盏高的、没有灯罩的台灯

跟我一起做

不要让毛衣针戳到手哦！

1 将毛衣针穿过橘子，橘子代表地球，毛衣针代表地轴。

2 用签字笔在硬纸片上画一个长轴约25厘米的椭圆，这个椭圆代表地球围绕太阳公转的椭圆轨道。在4个方位点上分别标注东、南、西、北。

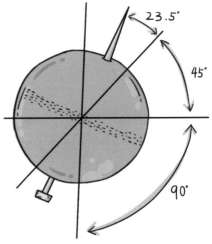

3 将台灯放在画出的椭圆的中间，打开台灯，台灯代表太阳。

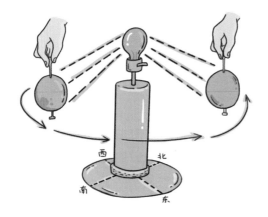

4 垂直拿着毛衣针，让橘子围绕着台灯逆时针转动，依次经过 4 个方位点。在此过程中，观察橘子的哪部分被照亮。

5 倾斜橘子，让毛衣针偏离垂直线约 23.5°；保持毛衣针倾斜，再次让橘子围绕着台灯逆时针转动，依次经过 4 个方位点。这一次，同样观察橘子被照亮的部分，看一看当橘子在某个方位点上时，橘子的哪部分受到灯光直射，哪部分受到灯光斜射。

哎？结果好像跟毛衣针垂直时不一样啊！

观察结果

（1）当毛衣针垂直于地面时，无论橘子相对于光的位置如何，总是上半部分被照亮。

（2）当毛衣针呈 23.5° 倾斜时，橘子接收到的光的量，取决于毛衣针的倾斜方向是偏向光还是偏离光。

怪博士爷爷有话说

如果地轴是垂直的，就像毛衣针垂直于地面时的橘子一样，那么温带地区就不会有季节之分。但是，地球的地轴是以 23.5° 的角度倾斜的，这就使得季节随着地球的公转而变化。

当我们所在的区域偏向太阳的时候，我们接收到的是太阳的直射光，这时我们处于　　　。6个月后，我们所在的区域偏离太阳，我们接收到的是太阳的斜射光，这时我们就处于　　　。

赤道地区总是受到阳光直射，所以那里没有四季。而极地总是受到阳光斜射，那里同样没有四季。

小朋友们还要知道，季节与地球距离太阳的远近无关。事实上，在 1 月（以北半球为准）时，地球与太阳的距离要比 6 月时更近。

42. 变干的湿手绢

小朋友玩水的时候很容易弄湿衣服，怎样才能让衣服快点干呢？一起来做个实验吧！

跟我一起做

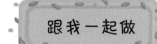

要选择一个晴朗的天气做这个实验哦！

1

将两块湿手绢挂在晾衣绳上晾晒。

用硬纸板对其中一块湿手绢扇风。

扇了一段时间后，你会发现什么现象呢？

好像有点困难啊！

观察结果

对着哪块湿手绢扇风，哪块手绢就先变干。

怪博士爷爷有话说

小朋友在扇风时，手绢周围潮湿的空气被赶跑，然后被更干燥的空气替代，这样手绢中的水的蒸发速度就会加快。所以小朋友的衣服弄湿了的话，就脱下来放到有风的地方吹一吹，很快就干喽！

43. 平静的风眼

飓风是在热带海域上空产生的强烈风暴,但位于飓风中心的"风眼"却十分平静。现在怪博士爷爷就来告诉大家其中的原因。

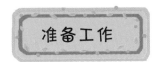

● 一个溜溜球

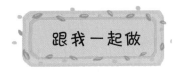

在头顶旋转溜溜球。

观察结果

溜溜球用力向与旋转中心相反的方向拉线,旋转的速度越快,拉力就越强。

怪博士爷爷有话说

溜溜球就像是要挣脱小朋友的拉扯一样，一直用力向外跑。其实这是因为存在离心力，也就是物体旋转时产生的脱离旋转中心的力。

在自然界，随着大气旋转的速度的增大，形成飓风的大气就想要从中心挣脱。当风速增大到足够大时，飓风的中心就形成了一个洞，这个洞就是风眼，这是成熟飓风的标志。

在风眼中，一切都非常平静。但是，在风眼的周围，呼啸的风以240千米/时的速度旋转，并以288千米/时的速度前进。

飓风可以覆盖宽 96 千米的区域。它从海上移动到陆地上空，可持续一周或更长的时间。

当热带海域上空潮湿的空气上升至 1 800 米时，水汽凝结，变成雨滴，同时释放能量，这会迫使大气更加迅速地上升，到达 80 000 米左右的高空，而且变得如绒毛一般，就这样，花椰菜状的积云就变成了盘旋的雷暴云砧。

风暴区域外的空气会逐渐被拉进风暴区域，这些空气会绕着向上的气流旋转上升，同时吸收更多的水汽。这些水汽凝结会释放更多的能量，于是向上的气流就运动得更快。这样，就会有更多的空气被拉进风暴区域，所以飓风外围的空气比"风眼"处的空气旋转得快。

怪博士爷爷还要告诉小朋友，飓风在北半球逆时针旋转，而在南半球则顺时针旋转。

飓风覆盖的区域

44. 厨房里的云

妈妈在厨房用水壶烧水时，其实就是在制造云。下面我们一起来看一看这朵云吧！

准备工作

● 一把装满水的水壶
● 一个金属盘

跟我一起做

1

加热水壶里的水。

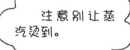

注意别让蒸汽烫到。

2

当水开始沸腾时，将金属盘对准从壶嘴冒出的蒸汽。

观察结果

水沸腾之后，有一朵"白云"从水壶的壶嘴中冒出。将金属盘对准"白云"时，金属盘上出现了小水珠。

怪博士爷爷有话说

天空中云的形成过程就类似这个小实验。升温的空气带着水汽上升，在上升的过程中，水汽逐渐冷却，冷凝成小水珠，形成云。

在夏天晴好的天气里，太阳使地面迅速升温，升温的地面使其上方的空气变热。由于暖空气密度没有冷空气大，暖空气就会上升。高层大气的温度较低，当暖空气上升得足够高时，空气中的水汽就会冷凝成小水珠。数以百万计的小水珠在天空中一起聚成了绒毛般的云，这些绒毛般的云叫作积雨云。

45. 烟雾的形成

小朋友想知道烟雾是如何形成的吗？找你的爸爸或妈妈来帮你完成下面这个实验就可以了。

准备工作

- 一个大玻璃瓶
- 一盒火柴

跟我一起做

1 用力地向准备好的玻璃瓶中吹气，然后迅速地将嘴移开。

2 请一个大人点燃火柴，小朋友将它吹灭。

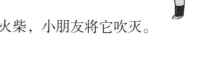

小朋友自己千万不要玩火哦！

当火柴还冒烟的时候，将它迅速地伸入玻璃瓶中，这样烟就扩散进瓶子中了。

4

再次向瓶中吹气，然后迅速移开嘴。

哇！空瓶子要被烟雾塞满了！

观察结果

玻璃瓶中出现了烟雾。

怪博士爷爷有话说

烟雾是雾和烟混合而成的，雾是空气中的小水珠，而烟是空气中的污染物。

第一次停止吹气时，突然减小的气压使得一小部分水汽凝结，在玻璃瓶中形成小水珠。当瓶中有烟时，小水珠和烟中的尘埃颗粒结合，于是烟雾就形成了。

在干燥有风的日子，空气中的尘埃、工厂烟囱冒出的烟以及汽车尾气一起被带入高空中吹散。但是，在潮湿、无风的日子里，这些污染物颗粒会在低空逗留，形成烟雾。

46. 雪和冻雨

雪和冻雨有什么区别？仔细观察一下，你会发现很奇妙的东西哦！

准备工作

- 一些冰箱里的白霜
- 一块黑布
- 一个放大镜
- 几块冰块
- 一把大汤匙

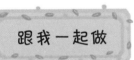

跟我一起做

1 将白霜放在黑布上，用放大镜仔细观察。

2 用大汤匙从冰块上敲下一小块冰，将其放在黑布上，用放大镜仔细观察。

观察结果

好漂亮的六角形晶体啊！

在白霜中能看到六角形晶体，而在冰块中看不到。

怪博士爷爷有话说

冰箱里的霜的形成方式和雪花是一样的，由于温度极低，云里的水汽就冷凝成了雪花，而不是小水珠。

冰块和冻雨的形成方式一样，都是液态水冻结形成的。小水珠从天空落下时，一开始是液态，当它们经过非常冷的空气时，就冻结成了微小的冰粒。

47. 冰雹里的圆圈

小朋友一定见过冰雹吧，那冰雹里面是什么样的呢？跟着怪博士爷爷一起看看吧！

准备工作

- 冰雹
- 一把锤子
- 几张不用的报纸

跟我一起做

在一张报纸上，将一块冰雹砸开，仔细观察冰雹内部的情况。

这里可以请大人帮忙哦！

观察结果

冰雹内部有一层一层的圆圈。

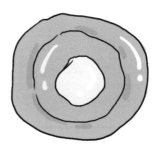

怪博士爷爷有话说

通过数冰雹的圆圈数，我们能知道冰雹在降落到地面以前，遭遇了多少次冷空气。

强风将雨滴抛掷到高空中，那里的空气冷得足以将其冻结成冰粒；但是，这些冰粒不会直接降落到地面，而会再次被风吹至高空；然后，在非常冷的高空中，一层新的冰又会在原有的冰粒外形成，包裹住原有的冰粒；冰粒一次次下落，又一次次地被吹起；最终，它们变得非常重，风再也不能将它们吹起，这时它们就会落到地面，形成冰雹。

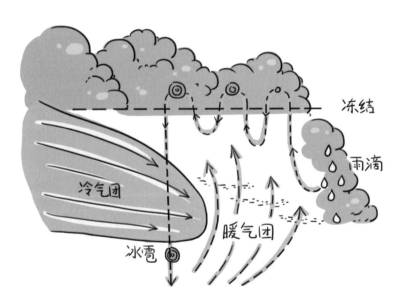

48. 臭氧层的空洞

　　臭氧层是地球的一层保护膜，它可以让我们免受紫外线的伤害。如今臭氧层却受到了破坏，下面的这个实验会让你了解是谁破坏了它。

准备工作

- 一块口香糖
- 一个玻璃瓶
- 沸水
- 一个放大镜

跟我一起做

1

　　咀嚼口香糖，待其变软后，从口中取出，用手指压扁。

2

向准备好的玻璃瓶中倒满沸水，用之前压扁的口香糖封住瓶口（让水面与口香糖接触），一定要完全封住，不要露出任何缝隙。

3

用放大镜近距离观察口香糖。

手不要碰到玻璃瓶，小心不要被烫到哦！

观察结果

口香糖接触热水后，失去了弹性，接着口香糖上开始出现小洞，最终口香糖完全分解。

怪博士爷爷有话说

在这个臭氧层模型中，玻璃瓶代表地球，口香糖代表臭氧层，沸水则代表氟利昂。空调和冰箱的冷却剂以及快餐店使用的泡沫塑料包装中都含有氟利昂，它们释放出的氯原子进入大气之后，会破坏臭氧层。现在小朋友知道谁是破坏臭氧层的真凶了吧！

臭氧层被破坏，地球就少掉一道阻挡阳光紫外线的保护层，这对我们的健康、地球的生态都造成了不利的影响。

49. 气球小宇宙

小朋友知道宇宙是怎么形成的吗？做下面这个实验，你就能了解一些宇宙的奥秘。

准备工作

- ● 一只白色气球
- ● 一支红色记号笔
- ● 一面镜子

跟我一起做

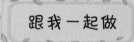

注意气球不要吹得太大。

1 将气球吹到大约苹果那样大小。

2 用记号笔在气球上点 20 多个小红点。

对着镜子将气球吹大。

可不要把气球吹爆了哦！

观察结果

气球上的点在不断变大，点的间距也在加大。

怪博士爷爷有话说

关于宇宙的起源，其中有一种说法是宇宙起源于一次巨大的爆炸，也就是大爆炸宇宙论。最初的宇宙就像是没有吹起的气球一样，但是由于宇宙在不断膨胀，最后终于爆炸，宇宙里的物质也就四散开来，有的聚合在一起形成了形形色色的星体。宇宙里的星系就像是气球上的红点，因为宇宙的膨胀而距离越来越远。

50. 神秘的黑洞

黑洞是一个"大黑窟窿"吗？它是怎么产生的？怪博士爷爷来告诉大家答案。

准备工作

- 两只气球
- 两个矿泉水瓶
- 一把剪刀
- 一台冰箱

跟我一起做

1 用剪刀将矿泉水瓶从中间剪断，选有底的那部分，将两个气球分别放进两个瓶子里，将气球口留在外面。朝气球里面吹气，气球被充满气后扎好气球口，使气球刚好卡在瓶子里。

122

2 将其中一个瓶子放在冰箱里。

3 30分钟后，从冰箱里拿出瓶子。有什么变化？

> 瓶子放在冰箱里的时间不能太短，否则看不到效果哦！

观察结果

放进冰箱里的气球收缩进入了瓶子里，而没有放进冰箱的气球却没有发生变化。

怪博士爷爷有话说

气球里的气具有向外胀的力，而气球胶皮具有阻止球内空气外胀而向里收缩的力。当这两种力处于平衡时，气球的大小保持不变。把气球放进冰箱中，气球内的空气受冷收缩，气球就会变小。黑洞的原理与这个实验相似。星球在核反应中会产生从内向外推的力，当星星的重力、引力和向外推的力平衡时，星星保持一定大小。而核反应一旦停止，这两个力的平衡状态被破坏，星星在重力的作用下就会迅速收缩。如果星星的质量巨大，那么引力也会非常强，最后就会变成黑洞。

黑洞是广义相对论所预言的一种特殊天体，它的基本特征是具有一个封闭的视界，外来的物质和辐射可以进入视界，而视界内的任何物质都不能跑到外面。

51. 千姿百态的星云

星云的形状千姿百态，它是从何而来？又会到哪里去？小朋友想知道更多，就跟着怪博士爷爷做实验吧！

准备工作

- 氯酸钾、雄黄
- 两张纸
- 一把汤匙
- 一把小刀
- 细砂粒
- 一瓶胶水

跟我一起做

这个实验有一定的危险性，小朋友可以让爸爸妈妈来帮忙完成。

1　用汤匙将 2.5 克氯酸钾、2 克雄黄分别磨细，倒在纸上，并轻轻地来回搅拌均匀，然后将其分成 20 ～ 30 份。

2 　　取另一张纸，将它裁成两个边长为 3 厘米的正方形，将这两个正方形交错重叠成八角形，放几粒细砂粒，然后取出一份药粉用汤匙将其撒在细砂粒上。

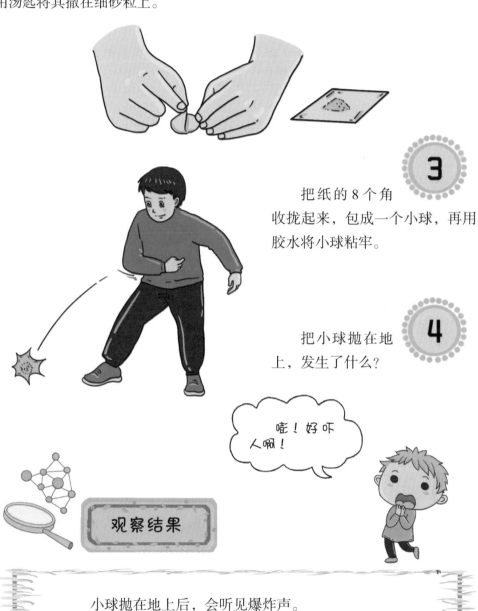

3 把纸的 8 个角收拢起来，包成一个小球，再用胶水将小球粘牢。

4 把小球抛在地上，发生了什么？

哎！好吓人啊！

观察结果

小球抛在地上后，会听见爆炸声。

怪博士爷爷有话说

用力将小球抛在地面上，小球受撞击而在一瞬间发生剧烈的氧化还原反应，放出大量的热，使产生的气体膨胀并胀破纸而释放出来。星云就是由于新星或超新星爆炸产生大量气体，并胀破球体，把云抛射出来形成的。星云是由气体和尘埃组成的云雾状天体，会随着气体的膨胀而逐渐消失。

有的小朋友向我咨询，什么是新星？什么是超新星？新星的全名是"经典新星"，是爆发变星的一种；超新星爆炸是内核温度突然增加数亿倍的巨大恒星爆炸，是恒星所能经历规模最大的灾难性爆炸。

在宇宙中，新星并不少见，但对于我们来说，它们却是一种少见的天文现象。这是因为新星都分布在银河系盘面附近，那里的大量吸光星际物质将新星的光吸收了，使我们难以见到它们。所以，我们能看到的只是极少数距离地球很近的新星。

52. 手测北极星

北极星可以在夜晚帮我们指明方向，但你知道它有多高吗？做个简单的实验量一量。

准备工作

● 小朋友的手

跟我一起做

1

白天，在室外找一个可以看到北方地平线的地点，做个记号。

在晴朗而且没有月亮的晚上，站在做过记号的地方，在北方天空找到北斗七星。顺着北斗七星勺口外缘两颗星连成的假想直线，就可以找到北极星。

用你的手测量北极星在水平线上的高度，观察一下。

哇！我终于知道自己在什么位置了。

观察结果

用手测量北极星在水平线上的高度，这个高度就等于你所在的高度。例如，如果你量出北极星在地平线上有四个拳头高，表示它在水平线上40°，因此你所在的纬度是北纬40°。

怪博士爷爷有话说

北极星又称北辰，即小熊座 α 星。北极星距离地球约400光年，是目前一段时期内距北天极最近的亮星，距北极点不足1°。对于地球上的我们来说，北极星总是位于北天极处。

北极星相对于地面的高度，取决于观测者所在的纬度。例如，观测者在北京，会发现北极星在正北，人星连线与地面呈40°；观测者在北极，会发现北极星在头顶上方；观测者在赤道，会发现北极星刚好躺在水平线上。实验中，因为北极星位于北极的正上方，它在天空中的高度几乎和你在地球所在地的纬度相同，所以你可以用手测出来的高度，计算出北极星的高度。

有的小朋友问，在南半球可以看到北极星吗？怪博士爷爷告诉大家，北极星相对于地面的高度取决于观测者所在地的纬度，在南半球，北极星永远不会升出地平线，所以在南半球永远看不到北极星。同样的道理，居住在北半球的人永远看不到接近南天极的星，而居住在南半球的人同样也看不到接近北天极的星。

53. 天花板上的星

天空上的星星有时看得见，有时看不见，现在小朋友自己来制作星光吧！

准备工作

- 一个薯片筒
- 几根钉子
- 一把剪刀
- 一个手电筒
- 一支铅笔
- 一本天文书

用到钉子和剪刀时，一定要注意安全。

跟我一起做

1 依照天文书上的星星图案，用钉子在薯片筒的盖子上戳几个"星星"孔。

2 将手电筒较细的一端压在薯片筒另一端的中央，用手压出棱来，然后用铅笔按照棱画个圆圈，并用剪刀将圆圈剪下来。

3 将手电筒塞进洞里，到黑暗的房间去，对着天花板打开手电筒。

观察结果

天花板上，会看见小星星。转动薯片筒，还能看见星星在移动。

怪博士爷爷有话说

转动薯片筒，可以看见天花板上的星星在移动，这跟现实中星星位置的移动是相同的道理。即使在每天晚上相同的时间，星座的位置也会改变，有些星星只有在特殊的季节里才能看到。

小朋友会问，白天星星为什么消失了？其实，星星时时刻刻都在天空中闪烁，我们在白天看不到星星，是因为大气散射了太阳的一部分光线，把天空照得十分明亮，使人看不到星星微弱的光。如果没有大气的散射作用，在白天就能看到星星。比如，月亮上没有大气，所以月亮上的白天是可以看到星星的。

54. 行星的光环

通过天文望远镜看到的行星，有的会戴着明亮的光环，漂亮极了！它是怎么形成的？通过下面这个实验你就会知道哦。

准备工作

- 一个塑料瓶
- 一个手电筒
- 冰粒
- 一盒婴儿爽身粉
- 一把旋转椅
- 一张书桌

跟我一起做

在一间黑暗的屋子里，打开手电筒，将手电筒放在书桌上。

2 在塑料瓶中倒入适量爽身粉，然后将旋转椅放在手电筒的光束下。

3 坐在旋转椅上，手握着塑料瓶，一边旋转椅子，一边迅速地挤压瓶子，使爽身粉从光束中穿过。接着，将一些冰粒放入塑料瓶中，挤压瓶子，使小冰粒从光束中穿过。

观察结果

爽身粉在光束中特别明亮，透明的小冰粒在光束中呈现出彩色。

怪博士爷爷有话说

实际上，行星环也是由许多碎的灰尘和冰块颗粒组成的，这些颗粒有锯齿形的表面，能够反射光，所以使行星光环看起来特别明亮而多彩。在太阳系的八大行星中，木星、土星、天王星和海王星都有光环。

那么行星环能存在多久呢？科学家认为，行星周围的小卫星能"捕获"大多数被彗星和小行星碰撞后散落的小碎块，在表面形成"碎石堆"。一旦受到撞击，这些"碎石堆"就会再度散开补充行星外环中的碎石。只要行星周围的小卫星存在，行星环就能永久存在。

55. 借光发亮的星

行星和卫星看起来十分明亮，但它们自己却不会发光，这是怎么回事？听怪博士爷爷来解释吧！

准备工作

- 两张白纸
- 一个纸箱
- 一把直尺
- 一卷透明胶带
- 几本书
- 一个手电筒

跟我一起做

1

将一张白纸贴在墙壁上，纸张边缘正好与地板连接，利用这张纸作为荧幕。

2 将纸箱放在荧幕前30厘米处，用胶带将另一张白纸贴在纸箱的一面（这张纸代表行星的表面或大气层），并让这一面对着荧幕。

3 将书本放置在荧幕一侧靠近墙壁处，再把手电筒斜斜地放在书本上方，让手电筒的光以一个角度投射到纸箱上白纸的正中央。

4 关掉房间的灯，观察荧幕亮度。关掉手电筒，再次观察荧幕。

观察结果

关掉房间的灯，荧幕发出明亮的光；关掉手电筒，荧幕不亮了。

怪博士爷爷有话说

这个实验中，荧幕（即墙上的白纸）看起来是明亮的，并不是因为它会发光，只是纸箱上的白纸反射了手电筒的光，并投射到荧幕上。同样的道理，月球（卫星）和行星看起来很明亮，它们也不会发光，只是它们反射（反弹回来）太阳的光，并且照射到地球上，使它们看起来很亮。如果没有太阳，月球和行星就不会亮了。

有些小朋友向我询问，什么是卫星？什么是行星？卫星是按一定轨道绕行星运行的天体，靠反射太阳光而发亮。行星是沿椭圆形轨道绕太阳运行的天体，本身不发光，只能反射太阳光。

在太阳系八大行星中，金星是最亮的，知道是为什么吗？金星离地球最近时，只有 4 000 万公里。在地球周边，像金星这样又近又大的星，没有第二个。距离太阳较近的金星，接受的阳光比地球多了一倍，加上笼罩金星的厚密云层很会反射光线，将大约 75% 的阳光反射到空间，使它成为八大行星中最亮的一颗星。

56. 模拟行星形成

太阳系有八大行星,这些行星是如何形成的?让下面这个小实验来告诉你吧!

准备工作

● 黏土
● 大小不同的石头
● 盛有水的盆

注意水跟黏土的比例。

跟我一起做

1

将黏土倒入水盆,和成稀粥状,使它带有黏性。

用小石头投掷水盆边缘，使盆里的泥浆能够被撞击出来，溅落到地上。

多换几个角度，用不同的力气和石头试一试。

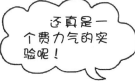

还真是一个费力气的实验呢！

观察结果

泥浆溅落在离水盆不同距离的地方。

怪博士爷爷有话说

水盆里的泥浆代表太阳，小石头代表路过太阳高速飞行的天体。撞击假说认为，行星是由太空中的天体撞击太阳形成的。当高速飞行的天体撞击太阳时，太阳的一部分物质被抛洒到太空，经过漫长的演变形成行星。溅落出来的泥浆大小远近各不相同，正如太阳系的八大行星一样。

还有一种关于行星形成的说法，那就是爆炸论。据天文学家推算，约 100 亿年前，宇宙发生过一次大爆炸。爆炸碎片经过长时间的凝结聚合，到距离现在约 50 亿年前时，一团冷而稀薄的气体与尘埃星云在太阳系位置按逆时针方向旋转、收缩，重的物质在太阳系内部集中，轻的物质向外散逸。后来，重的物质形成行星，地球就是其中之一。

57. 被压坏的乒乓球

金星是八大行星中最亮的行星，它表面的气压可达 90 个大气压，如果地球上的物体被搬到金星上，会发生什么现象？下面我们就来模拟一下！

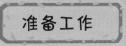

准备工作

- 一个乒乓球
- 一个带活塞的密闭容器

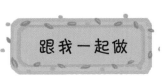

跟我一起做

1

将乒乓球放进密闭容器中，并将容器密封。

注意控制好推的速度跟力度。

2

慢慢向里推动活塞，仔细观察乒乓球的变化。

乒乓球竟然……

 观察结果

不一会儿，乒乓球发出"嘭"的响声，并裂开一条缝，然后慢慢的向内凹陷。

怪博士爷爷有话说

将乒乓球放进容器里，推动活塞，使得容器里的气体体积减小，压力变大。当容器内部的压力大于乒乓球内的空气压力时，乒乓球承受不住压力就会破裂、凹陷。一样的道理，金星上的大气压比地球上的大气压要大得多，所以太空探测器一着陆就很容易被压碎。

有的小朋友很好奇，在金星上太阳会从哪边出来？答案是太阳会从西边出来，从东边落下。这是因为金星的自转方向是由东向西，与地球和太阳系其他行星由西向东的自转方向正好相反。

金星上会有生命吗？金星表面的大气压力是地球表面的90倍，相当于900米海洋深处的压力。平常人们不借助其他设备潜水至两、三米深时，就会感到难受，所以生命在这样的压力下难以生存。此外，金星表面常年炽热高温，生物根本无法存活。

145

58. 小行星的形状

在宇宙中存在着小行星，它们的形状各式各样。下面这个实验可以告诉你科学家是如何测定它们的形状的。

准备工作

- 黑纸、白纸各一张
- 一个手电筒
- 一卷胶带
- 一支铅笔

跟我一起做

纸的位置大约与你的肩膀同高。

在一间黑暗的屋子里，在墙上贴上白纸，利用它充当荧幕。

2 将黑纸随意揉成一个松松的球形，然后粘在铅笔上。

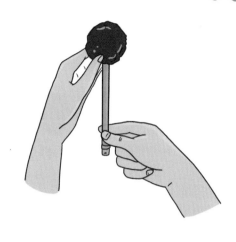

3 站在纸荧幕旁，一只手拿着手电筒。打开手电筒，让手电筒的灯光与荧幕成45°角。

4 另一只手握着铅笔，将黑色纸球放在灯光的前面，纸球会把光线反射到纸荧幕上。慢慢地转动铅笔。

仔细观察，会有什么变化呢？

观察结果

转动铅笔后，反射到荧幕上的灯光亮度（光量）会改变。

好奇宝宝科学实验站

怪博士爷爷有话说

纸球不停地转动，由于它的表面凹凸不平，因此反射到荧幕上的光量也不同。同样的道理，小行星也在转动，而且表面也凹凸不平，所以从小行星的不同部位所反射出来的光量就不同。天文学家就是根据小行星反射出来的不同光量，来测定它的形状的。

小行星是绕太阳公转的固态小天体，主要位于火星和木星的轨道之间。关于火星和木星之间的小行星带是如何形成的，还没有统一的说法。爆炸说认为，火星与木星之间原来有颗大行星，小行星带是大行星爆炸后的碎片。半成品说认为，正当其他行星形成时，目前小行星带所在的区域由于缺少最必要的条件，成为半成品即小行星后，就没有再继续发展为大行星。

59. 彗星的尾巴

彗星总是拖着一条长长的尾巴，小朋友知道这是怎么形成的吗？让怪博士爷爷来告诉你。

准备工作

- ● 一个乒乓球
- ● 一团毛线
- ● 一卷胶带
- ● 两根筷子
- ● 一把小刀
- ● 一台电扇

使用小刀时注意安全，可寻求大人的帮助。

跟我一起做

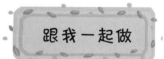

1

用小刀将乒乓球割开一个小洞，将筷子插入洞中，并用胶带粘牢。

将三束毛线用胶带粘在乒乓球上。

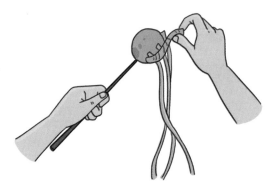

打开电扇，将加工好的乒乓球举在电扇前。

电风扇的风力要适当哦！

观察结果

乒乓球上的毛线被风吹得飘起来。

怪博士爷爷有话说

　　这个小实验中，风把毛线吹起来了。一样的道理，由于受太阳发出的强烈太阳风吹动，彗星在绕太阳飞行的时候，其自身散发出的气体就会被太阳风吹离太阳，朝着与太阳相反的方向延伸，进而形成彗星的尾巴。而太阳风就是太阳大气层外层的日冕向行星际空间连续抛射出来的物质粒子流。

　　有的小朋友很好奇地球是不是也有尾巴？是的，地球有尾巴，这条尾巴是巨大的圆柱形磁场，用肉眼看不到。彗星的尾巴由气体和尘埃组成，地球的尾巴则是由于地球向阳一面的磁场受来自太阳风的作用而延伸出来形成的，而背阴的一面则不受太阳风作用。

60. 燃烧的流星

流星在地球的大气层穿行时就会燃烧，下面的这个实验会告诉你这是怎样发生的。

准备工作

- 一个装满水的瓶子
- 半片泡腾片

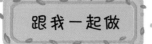

跟我一起做

泡腾片不能太小，否则效果不明显。

将泡腾片放入装满水的瓶子里，仔细观察药片在下沉过程中会有什么现象出现。

观察结果

药片溶解，分成许多小块，这些小块在下沉的过程中渐渐消失。

怪博士爷爷有话说

水代表地球的大气层，泡腾片代表流星。流星以非常快的速度在太空中飞行，其表面会与地球的高层大气摩擦，摩擦会产生热，白热化的流星碎片会分解，然后爆炸，成为宇宙尘埃。

大多数流星碎片非常小，还没有小石子大，但还是会有一些较大的流星碎片以陨石的形式坠落在地球上。这个实验中，泡腾片在下沉过程中分解成许多小块，这就像是进入大气层的流星一样。

参考文献

[1] 郑大新. 我的第一本科学游戏书 [M]. 北京：中国纺织出版社，2015.

[2] 芦芳，凌云. 让孩子着迷的 300 个经典科学游戏 [M]. 北京：同心出版社，2015.

[3] 张祥斌. 聪明孩子全方位提高学习能力的 500 个科学游戏 [M]. 北京：中国画报出版社，2014.

[4] 邓在虹. 巧玩科学游戏 [M]. 合肥：安徽文艺出版社，2013.